易小点数学成长记
The Adventure of Mathematics

原始人放鹿

童心布马 / 著
猫先生 / 绘

1

北京日报出版社

图书在版编目（CIP）数据

易小点数学成长记 . 原始人放鹿 / 童心布马著；猫先生绘 . ——
北京 : 北京日报出版社 , 2022.2（2024.3 重印）
ISBN 978-7-5477-4140-5

Ⅰ . ①易⋯ Ⅱ . ①童⋯ ②猫⋯ Ⅲ . ①数学—少儿读物 Ⅳ . ① 01-49

中国版本图书馆 CIP 数据核字 (2021) 第 236845 号

易小点数学成长记　原始人放鹿

出版发行：北京日报出版社
地　　址：北京市东城区东单三条 8—16 号东方广场东配楼四层
邮　　编：100005
电　　话：发行部：（010）65255876
　　　　　总编室：（010）65252135
印　　刷：鸿博昊天科技有限公司
经　　销：各地新华书店
版　　次：2022 年 2 月第 1 版
　　　　　2024 年 3 月第 7 次印刷
开　　本：710 毫米 ×960 毫米　1/16
总 印 张：25
总 字 数：360 千字
总 定 价：220.00 元（全 10 册）

目 录

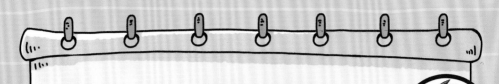

童心小学有一位机器人博士。

大家都叫他高斯博士。

博士头上的天线可以接收到来自任何时间、空间的数学信号。

博士有很多奇奇怪怪的发明。

他能驾驶飞船回到过去，见证历史中那些数学故事的发生。

不过，有时候接收信号也有风险，遇到雷雨天气时，可能会被雷电击中。

 高斯博士选了三个少年组建成学习小组，探索学习数学的方法。

 果然我是最合适的人选。

铅笔妹

她是数学小天才，善于解决数学问题，经常随时随地抽出头发上的铅笔就开始做算术。

 嘿嘿，我也一定会努力的！

小·π

他具有强大的数学潜力，善于发现生活里的数学问题，尤其擅长解答几何问题。小·π最爱吃的食物你一定猜得到。没错，就是蛋黄派。

 怎么就选上我了呢？

易小点

他认为数学没有用，数学考试经常得0分。大家都很奇怪：博士为什么会选他呢？

铅笔妹、易小点和小π第一次去高斯博士的实验室集合。

小点，你数学又考了0分！

无所谓。数学有什么用？不如打球，还能强身健体呢！

如果没有数学，你打球时计分就会出错。

博士，为什么会存在数学呢？

数学信号启动！

博士，你的信号靠谱吗？

这是要去哪儿啊？

说好的分数呢？怎么刻起眼睛来了。

于是，数字家族中出现了一个新成员——分数。

分数最开始的写法，就来自这个关于眼睛的故事……

传说鹰神荷鲁斯的眼睛被敌人分割成碎片，丢到了各地。因此，被分割的不同部位各代表"1"里面的一部分。荷鲁斯之眼被古埃及人当作分数来使用。

你看，用这些符号代表不同的分数，写起来不方便，连铅笔妹说的"$\frac{3}{4}$"都没办法表示。

有了荷鲁斯之眼，终于能说清楚我要多大的石料了。

又过了很久，古埃及人才发明了我们现在使用的分数的形式。

现在你明白要用多少面粉了吗？

把一袋面粉平均分成 4 份，用其中的 3 份。

赶紧回去！小点快来了！

你们做了这么丑的蛋糕，我太感动了！

生日快乐！

博士。怎么没有人？

最后还是买了蛋糕。

不是吧！今天是我生日，不用这么狠吧！

提问！$\frac{1}{2}$ 和 $\frac{1}{5}$ 谁更大？

20

恩格尔系数＝食物支出总额÷家庭消费支出总额×100%。

19世纪德国统计学家 恩格尔

由于食物消费是基本的支出，收入越低的家庭，食物支出占总支出的百分比就越大。

去看看小点家这个月的支出明细吧。

一个国家或地区的恩格尔系数大于59%为贫穷；50%～59%为温饱；40%～50%为小康；30%～40%为相对富裕；30%以下为极其富裕。

学习 唐诗三百首 25%

娱乐 20%

慈善 5%

食物 20%

交通 10%

妈妈 20%

爸爸 0%

这时候小数还没有诞生，古人采用这些长度单位：丈、尺、寸、分、厘、毫、秒、忽。魏晋时期，数学家刘徽提出把整数以下无法标出名称的部分称为"徽数"。

没有小数，连身高也量不准确。

从此以后，不是整数的部分，中国人用徽数表示。

什么时候开始叫"小数"的呢？

元代数学家朱世杰最早提出"小数"这个名称。

至于小数的写法就是另一个故事了。

意大利

丁零零——

多少加上 45 等于 78 呢?

$$x+45=78$$

不知道呀。

我算算。

"不知道的数"就是"未知数"。

那我就更未知了!

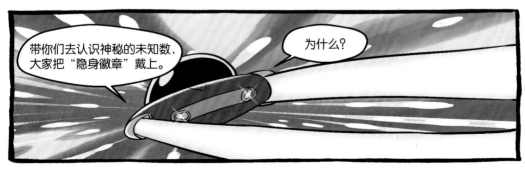

带你们去认识神秘的未知数,大家把"隐身徽章"戴上。

为什么?

古代阿拉伯

怎么到处都是烟?

难道我们遇上沙尘暴了?

噢!

这是十字军在跟阿拉伯军队交战呢!

这和未知数有什么关系?

有很重要的关系哟!

十字军得胜后，把大量阿拉伯著作运回欧洲。

可恶！连知识都抢！

其中就包括阿拉伯人发明"未知数"的数学著作。

欧洲人在翻译"未知数"时被难倒了，他们从来没听说过这个词，不知道该怎么翻译。

这是啥？

算了，就画个叉吧。

未知数的写法也来得太随便了。

是呀！博士你不会是在说笑吧？

有些事物的诞生就是这么随便！

至于我是不是说笑，小点，你把黑板上的题做完，我再回答你。

我错了！

哥德巴赫猜想交流会

今天我们讲的是"哥德巴赫猜想"。这是一个关于数字之间的关系的猜想。

在认识数字的基础上了解数字之间的关系，才能真正体会到数学的乐趣。

数字之间能有什么关系？亲戚？朋友？敌人？

你说得没错，确实有这些关系。

数字有没有分身啊？

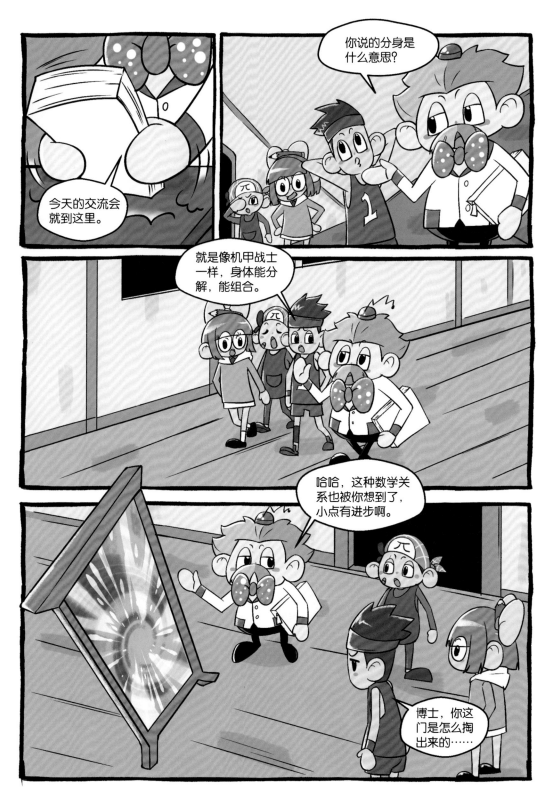

除了 "0" 和 "1" 以外的所有整数都至少有 2 个因数，也就是至少有 2 种分解方式。

这就是数字分身的威力。

12 个樱桃，可分解成 3 份 4 个的，也可以分解成 4 份 3 个的。

12 个樱桃可以被整分成 1 份、2 份、3 份、4 份、6 份和 12 份。1、2、3、4、6、12 都是 12 的因数，12 就是这几个数的倍数。

啊！好绕啊！

1 份

12 份

6 份

2 份

3 份

4 份

12 的 2 倍是 24，24 的 2 倍是 48……这么算下去，国王的米当然不够用了。

明白了吗？

博士，你把小点绕晕了！

好多个 12……

高斯博士的小黑板

自然数：指用以计量事物的件数或表示事物次序的数。又叫非负整数。

整　数：是正整数、零、负整数的集合，整数不包括小数、分数。

小　数：是实数的一种特殊的表现形式，由整数部分、小数点和小数部分组成。

分　数：把单位"1"平均分成若干份，表示这样的一份或几份的数叫分数。分子在上，分母在下。当遇到分母为 100 的特殊情况时，可以写成百分数的形式。

正　数：比 0 大的数叫正数，0 本身不是正数。

负　数：比 0 小的数叫负数，负数与正数表示意义相反的量。负数前用负号"–"表示。

奇　数：指不能被 2 整除的整数。奇数可以分为正奇数和负奇数。

偶　数：指能够被 2 整除的整数。偶数分为正偶数和负偶数，正偶数也称双数。

未知数：指代数式或方程中数值需要经过运算才能确定或得到与别的未知数关系的数。通常用字母 X 表示。

有理数：是整数（正整数、0、负整数）和分数的统称。

无理数：也称为无限不循环小数，不能写作两整数之比。

因　数：如果整数 a 除以整数 b（b ≠ 0）的商正好是整数而没有余数，我们就说 b 是 a 的因数。

倍　数：一个整数能够被另一个整数整除，这个整数就是另一个整数的倍数。

质　数：指在大于 1 的自然数中，除了 1 和它本身以外不再有其他因数的自然数。最小的质数是 2。

合　数：指在大于 1 的整数中，除了能被 1 和本身整除外，还能被其他数（0 除外）整除的数。
最小的合数是 4；1 既不属于质数也不属于合数。

身不是正数。

负数：比0小的数叫作负数，负数与正数表示意义相反的量。负数前用负号"-"表示。

奇数：指不能被2整除的整数。奇数可以分为正奇数和负奇数。

偶数：指能够被2整除的整数。偶数分为正偶数和负偶数，正偶数也称双数。

有理数：是整数（正整数、0、负整数）和分数的统称。

无理数：也称为无限不循环小数，不能写作两个整数之比。

因数与倍数：整数a除以整数b

★易小点日报★

知识点

★认识数　　★运算
★图形与测算　★特殊测算
★统计与概率　★基础应用
★典型应用

单位换算

1千米=1000米
1米=10分米
1分米=10厘米
1厘米=10毫米

1元=10角
1角=10分

1天=24小...
1小时=60...
1分钟=6...

1吨=10...
1千克

跟着易小点，
数学每天进步一点点

数与数字关系 · 运算与速算 · 图形与测算 · 图形与测算 · 特殊测算

统计与概率 · 基础应用 · 典型应用 · 典型应用 · 典型应用

★出　　品：童心布马
★策　　划：张　　剑
★责任编辑：张志新
★助理编辑：曹　　云
★美术编辑：阳春面
★封面设计：张　　婧

ISBN 978-7-5477-4140-5

总定价：220.00元（全10册）

北京日报出版社
微信公众号

童心布马
微信公众号